爱上内蒙古恐龙丛书

我心爱的乌尔禾龙

WO XIN'AI DE WUERHELONG

内蒙古自然博物馆 / 编著

内蒙古人民出版社

图书在版编目（CIP）数据

我心爱的乌尔禾龙／内蒙古自然博物馆编著. —
呼和浩特：内蒙古人民出版社，2024.1
（爱上内蒙古恐龙丛书）
ISBN 978-7-204-17767-7

Ⅰ. ①我… Ⅱ. ①内… Ⅲ. ①恐龙-青少年读物
Ⅳ. ①Q915.864-49

中国国家版本馆 CIP 数据核字（2023）第 208254 号

我心爱的乌尔禾龙

作　　者	内蒙古自然博物馆
策划编辑	贾睿茹　王　静
责任编辑	孙　超
责任监印	王丽燕
封面设计	王宇乐
出版发行	内蒙古人民出版社
地　　址	呼和浩特市新城区中山东路 8 号波士名人国际 B 座 5 层
网　　址	http://www.impph.cn
印　　刷	内蒙古爱信达教育印务有限责任公司
开　　本	889mm×1194mm　1/16
印　　张	5
字　　数	160 千
版　　次	2024 年 1 月第 1 版
印　　次	2024 年 1 月第 1 次印刷
书　　号	ISBN 978-7-204-17767-7
定　　价	48.00 元

如发现印装质量问题，请与我社联系。联系电话：(0471)3946120

内蒙古恐龙新闻站

NEIMENGGU KONGLONG XINWENZHAN

恐龙快讯

自带反差萌的**乌尔禾龙**
体格强壮，性格温顺

看图文科普，快速解锁恐龙新知识

观看在线视频，享受视觉盛宴
走近恐龙
揭开不为人知的秘密

恐龙世界

玩拼图游戏
拼出完整的恐龙模样

你最喜爱哪一种？

恐龙的种类上千种

恐龙拼图

听说恐龙们都很有故事。

没办法，活得久见得多。

请展开讲讲……

恐龙访谈
倾听恐龙的心声

内蒙古人民出版社 **特约报道**

内蒙古自治区鄂尔多斯市
温度：30℃

前言

　　数亿年来，地球上出现过许多形形色色的动物，恐龙是其中最令人着迷的类群之一。恐龙最早出现在三叠纪时期，在之后的侏罗纪和白垩纪时期成为地球上的霸主。那时，恐龙几乎占据了每一块大陆，并演化出许多不同的种类。目前世界上已经发现的恐龙有1000多种，而尚未被发现的恐龙种类或许远超这个数字。

　　你知道吗？根据中国古动物馆统计，截至2022年4月，中国已经根据骨骼化石命名了338种恐龙，而且这个数字还在继续增长。目前，古生物学家在我国的26个省区市发现了恐龙化石，其中，内蒙古仅次于辽宁，是发现恐龙化石种类第二多的省区。

　　内蒙古现有40多种恐龙被命名，种类丰富，有很多具有重要的科研价值，如巴彦淖尔龙、独龙、乌尔禾龙和绘龙等。

　　你知道哪只恐龙创造过吉尼斯世界纪录吗？你知道哪只恐龙被称为"沙漠王者"吗？你知道哪只恐龙练就了"一指禅"功法吗？这些问题，在"爱上内蒙古恐龙丛书"中，都能找到答案。

　　"爱上内蒙古恐龙丛书"选取了12种有代表性的在内蒙古地区发现的恐龙，即巴彦淖尔龙、中国鸟形龙、临河盗龙、临河爪龙、乌尔禾龙、鄂托克龙、阿拉善龙、鹦鹉嘴龙、巨盗龙、绘龙、独龙和耀龙，详细介绍了这些恐龙的外形特征、发现过程以及家族成员等。每一种恐龙都有一张属于自己的"名片"，还有精美清晰的"证件照"，让呈现在读者面前的恐龙更加鲜活生动。

　　希望通过本丛书的出版，让大家看到内蒙古恐龙，乃至中国恐龙研究的辉煌成就，同时激发读者对自然科学的兴趣。

　　在丛书的编写过程中，我们借鉴了业内专家的研究成果，在此一并致谢！

第一章 恐龙驾到

　　或许你并不熟悉鄂尔多斯乌尔禾龙，不过我想你对身上"插着宝剑"的恐龙一定印象深刻。它们就是剑龙家族。剑龙家族分布广泛，很多地方都发现了它们的身影，但它们却早早灭亡了。

我心爱的
乌尔禾龙

鄂尔多斯乌尔禾龙是发现于中国内蒙古的一类剑龙，它们不似其他剑龙家族成员那样披甲戴剑，威慑四方。它们的长相独特，是剑龙家族的后裔，见证了家族的衰亡。你是否和我一样好奇如此繁盛的剑龙家族为什么没有和大部分恐龙一样在白垩纪末期灭绝，而是早早灭亡了呢？如果你也想知道剑龙家族陨落的秘密，就跟随恐龙猎人诺古一起来探索吧。

内蒙古自治区鄂尔多斯市

 温度：30℃

恐龙王国

最强大脑冬令营

即将开始，火速报名！！！

燃烧吧大脑
课程目的：开发左右脑，促进大脑平衡发展，提高灵敏度。

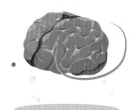

Wuerhosaurus ordosensis　　*Lynx lynx*

鄂尔多斯乌尔禾龙　　诺古

大家好，我是乌尔禾龙，很高兴在这里见到大家。

乌尔禾龙先生，您好，果然百闻不如一见！

什么百闻不如一见，你听说过我吗？

当然了，您可是我们节目组人人都称赞的好脾气先生。
是吗？你说的我都不好意思了。

访 谈

恐龙气象局温馨提示：

空气不错，可正常户外活动

未来 3 天不会降雨

—————— 主持人：诺古　本期嘉宾：鄂尔多斯乌尔禾龙

不用不好意思。您"两耳不闻窗外事"，过着潇洒悠闲的生活，可真让人羡慕。我还担心您今天不会来呢！

其实我今天来是有一件私事需要大家帮忙。

原来是这样，您说说看。

想必你也知道我属于剑龙家族。在我们家族中，有两种乌尔禾龙。一种是我们鄂尔多斯乌尔禾龙，另一种是平坦乌尔禾龙。

平坦乌尔禾龙

听起来好像没什么太大的区别，想必你们长得很像吧。

的确是这样。与其他剑龙家族的成员相比，我们的骨板较平坦、圆润，不似其他剑龙家族成员的高大、尖锐。

你们同为乌尔禾龙，有什么区别吗？

我们的被发现时间是在 1988 年，而平坦乌尔禾龙是在 1973 年。

这也……太泛泛了吧。

化石猎人成长笔记

肠骨

肠骨也被称作髂骨，是骨盆的一部分。而骨盆相当于人类身体的一个中轴，它的上面是脊柱，下面是腿，可以维持整个身体的平衡。

哈哈，开玩笑的。其实从体形上就可以区分出来。它们的体形比我们大，有 7~8 米，而我们才 4.5 米。

仅仅是体形上的区别，没有其他特征了吗？

当然不是，但体形是最直观的区分方式。其他的区别只有相关的研究人员才会懂，比如肠骨前突。平坦乌尔禾龙的肠骨前突比我们的细长。

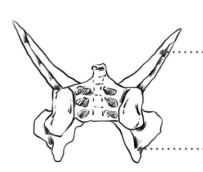

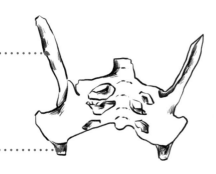

肠骨前突

肠骨后突

平坦乌尔禾龙荐椎和腰带腹视图　　　　鄂尔多斯乌尔禾龙荐椎和腰带腹视图

不明白也没关系，其实我也不是很明白。但这并不是重点，重点是我想见它们一面。

这对于我来说的确有些复杂。

见面？去哪儿？

 听说它们生活在新疆准噶尔盆地一个叫作"乌尔禾魔鬼城"的地方。

 我很好奇，您为什么这么想见它们呢？

 天呐，魔鬼城？这也太恐怖了吧！

 因为有一件事情，我一直没有弄明白。

"魔鬼城"

想什么呢！只是因为每当大风袭来时，那里凄厉呼啸的风声就像魔鬼的哭声似的，所以才被称为"魔鬼城"。

 您不妨和我说说。

 原来是这样，吓死我了！和您聊天就像坐过山车似的。

 我们剑龙家族的成员曾在全球都有分布，但从白垩纪早期，我们家族就开始衰退，并最终灭绝。而与我们亲缘关系较近的甲龙家族却一直存活到白垩纪大灭绝时期。

哈哈，我们都是由古生物学家董枝明命名，却无缘相见。

 等等，您这信息量有点大，我得捋一下思绪。您是说剑龙家族在白垩纪大灭绝之前就已经灭绝了吗？

化石猎人成长笔记

太白华阳龙

董枝明
　　董枝明是一位著名的古生物学家，也是世界上第一个在北极地区找到恐龙化石的人。他曾命名了 35 种恐龙，李氏蜀龙、太白华阳龙等都是由他命名。他还建立了中国第一个恐龙博物馆——自贡恐龙博物馆。

 是的，我们的生存年代是从侏罗纪早期至白垩纪早期。

你们居然没有等到白垩纪大灭绝时期就已经灭绝了，这属于背景灭绝啊。

背景灭绝是什么？

嗯，简单点说就是达尔文所提出的"适者生存"。您的家族是因为不适应环境变化才灭绝的。

我们家族的黄金时代是在侏罗纪晚期，为什么刚繁盛起来就凋零了？

平坦乌尔禾龙

您别着急，我只是猜测。不过话说回来，家族灭绝的问题您为什么要找平坦乌尔禾龙呢？

因为我们都生活在白垩纪早期，是家族的"落日余晖"。

原来是这样啊。您刚刚还说到你们和甲龙家族有着很近的亲缘关系，是真的吗？

当然是真的了。我们都属于有甲类恐龙，你看我们的身体背部都长有膜质的骨板，只不过排列方式不同罢了。

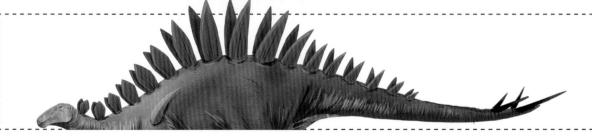

骨板

这也太不可思议了吧。

这有什么啊。我们占领的生态位不同，所以才会向着不同的方向发展。我们喜欢吃长得较高的植物，所以身体变得又高又瘦。而甲龙家族喜欢吃低矮的植物，所以身体变得又矮又壮。

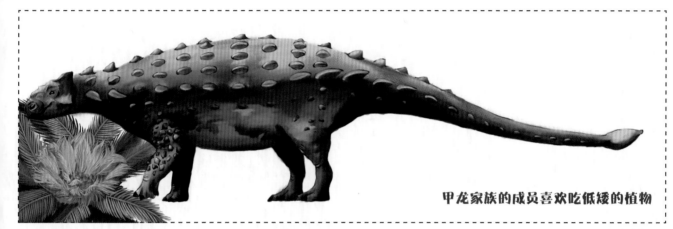

甲龙家族的成员喜欢吃低矮的植物

那您的祖先长得是又高又瘦还是又矮又壮呢?

目前已知生存时期最早的装甲类恐龙是小盾龙。它们生活在距今约 1.96 亿年前，体长约 1.2 米，体重可达 10 千克。它们有着纤细的四肢，而且后肢比前肢长。

小盾龙和您以及甲龙家族比起来，也太小了吧。

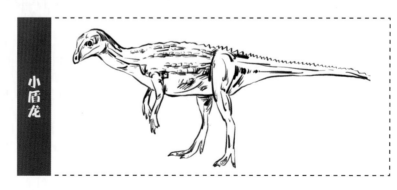

小盾龙

毕竟是祖先级别，它们的颈部、背部、体侧和尾巴都覆盖着鳞甲。

生物的演化可真有趣，你们的这身"装甲"是越来越精良啊!

其实我想去找平坦乌尔禾龙还有一个很重要的原因，就是我想去看看可能是由它们留下的足迹化石。

为什么是可能呢？

因为古生物学家考虑到同一地层中目前只发现了乌尔禾龙这一种剑龙类，所以才说可能是乌尔禾龙的脚印。

原来如此，没想到您还很严谨呢！

其实，我想去看的是古生物学家在 2019 年 6 月发现的目前世界上最小的剑龙类足迹化石。

小乌尔禾龙足迹化石

最小的足迹化石？有多小呢？

它的长度和成年人的大拇指差不多，仅有 5.7 厘米。如果和成年剑龙的脚印相比，长度只有它们的 15%。古生物学家推测这是一只体长只有 1 米的小乌尔禾龙留下的。

小乌尔禾龙

这也太可爱了吧。我似乎都可以想象到一只小乌尔禾龙和它的爸爸妈妈在湖边悠闲地散步，然后留下了一串串小脚印。

是啊，没想到其中一枚脚印经过亿万年时间的洗礼，最终变成了一枚可爱的恐龙足迹化石。

这可真奇妙。古生物学家还曾在 2013 年公布了一枚在新疆发现的剑龙类前足迹化石和一枚后足迹化石。

乌尔禾龙

我们家族的足迹特征特别明显。在我们的后足上有三个又短又钝的功能趾，从足迹上一看就能辨认出来。

功能趾有什么作用呢？

当然是帮助我们分担身体的大部分重量了。

看来我对于您和您的家族还不是很了解。

剑龙类足迹

那我就为你详细地介绍一下我们吧！

剑龙家族的时尚达人

🔍 鄂尔多斯乌尔禾龙	全部
拉丁文学名：*Wuerhosaurus ordosensis*	—
属名含义：来自乌尔禾的蜥蜴	—
生活时期：白垩纪时期（1.32 亿～1.29 亿年前）	—
化石最早发现时间：1988 年	—

1988 年，古生物学家在中国内蒙古鄂尔多斯盆地发现了一些恐龙化石，1993 年将其命名为鄂尔多斯乌尔禾龙。

鄂尔多斯乌尔禾龙的属名"*Wuerhosaurus*"，意为来自乌尔禾的蜥蜴。乌尔禾是新疆一地名。种名"*ordosensis*"，意为鄂尔多斯，取自化石的发现地鄂尔多斯。

鄂尔多斯乌尔禾龙生活在距今 1.3 亿年前的白垩纪早期，但在剑龙家族史中，它们却是"剑客"家族的后裔。

白垩纪早期，恐龙数量和种类有了很大的增长，但身背"利剑"的剑龙家族却即将退下恐龙世界的舞台。鄂尔多斯乌尔禾龙是这个剑龙家族的最后一位成员，处于剑龙家族演化分支的最末端。虽是家族的"老幺"，但它们却是"时尚达人"。

🔍 | **鄂尔多斯乌尔禾龙** | **全部** ▶

鄂尔多斯乌尔禾龙的身体有着独特的构造。它们的骨板不同于前辈们三角形或尖棘形的骨板，而是圆滑、平坦的板状。这样的骨板看起来不像英姿飒爽的剑客，而是多了一丝可爱和圆润。

鄂尔多斯乌尔禾龙体长约 4.5 米，重约 1.2 吨，在剑龙家族中属于中等身材。它们为了适应白垩纪陆地革命而演化出不同于祖先们的样貌特征。

鄂尔多斯乌尔禾龙头部较小，脖子长长的，腿部短且粗壮，是家族中的"小短腿"。

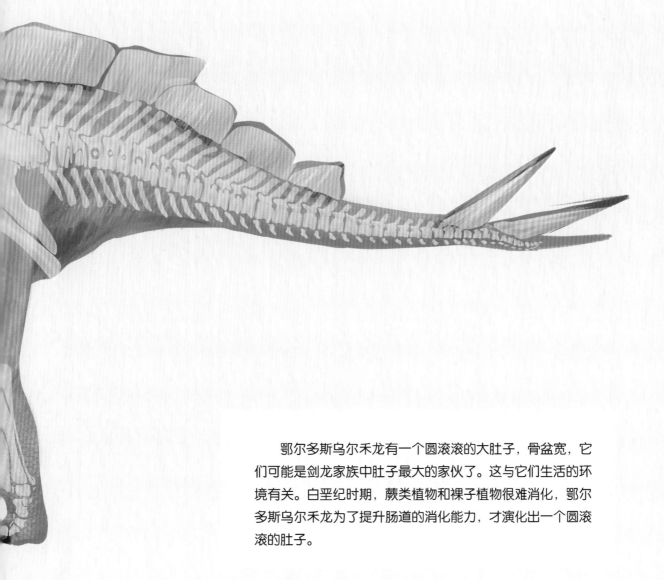

鄂尔多斯乌尔禾龙有一个圆滚滚的大肚子，骨盆宽，它们可能是剑龙家族中肚子最大的家伙了。这与它们生活的环境有关。白垩纪时期，蕨类植物和裸子植物很难消化，鄂尔多斯乌尔禾龙为了提升肠道的消化能力，才演化出一个圆滚滚的肚子。

乌尔禾龙家族树

剑龙类是恐龙中的"剑客"，它们身上都有着剑一样的骨板和尾刺，这些骨板与尾刺可能具有防卫、猎食动物、攻击的功能，也可能有调节体温的功能。剑龙家族生活在侏罗纪与白垩纪早期，它们都是植食性恐龙。

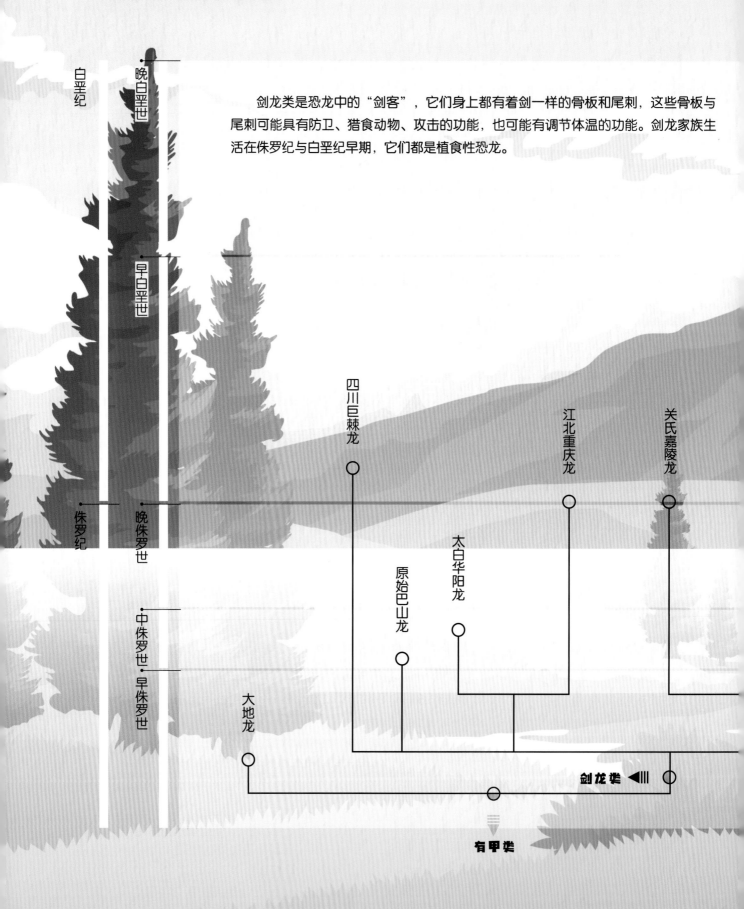

白垩纪

晚白垩世

早白垩世

侏罗纪

晚侏罗世

中侏罗世

早侏罗世

四川巨棘龙

江北重庆龙

关氏嘉陵龙

太白华阳龙

原始巴山龙

大地龙

剑龙类 ◀||||

有甲类

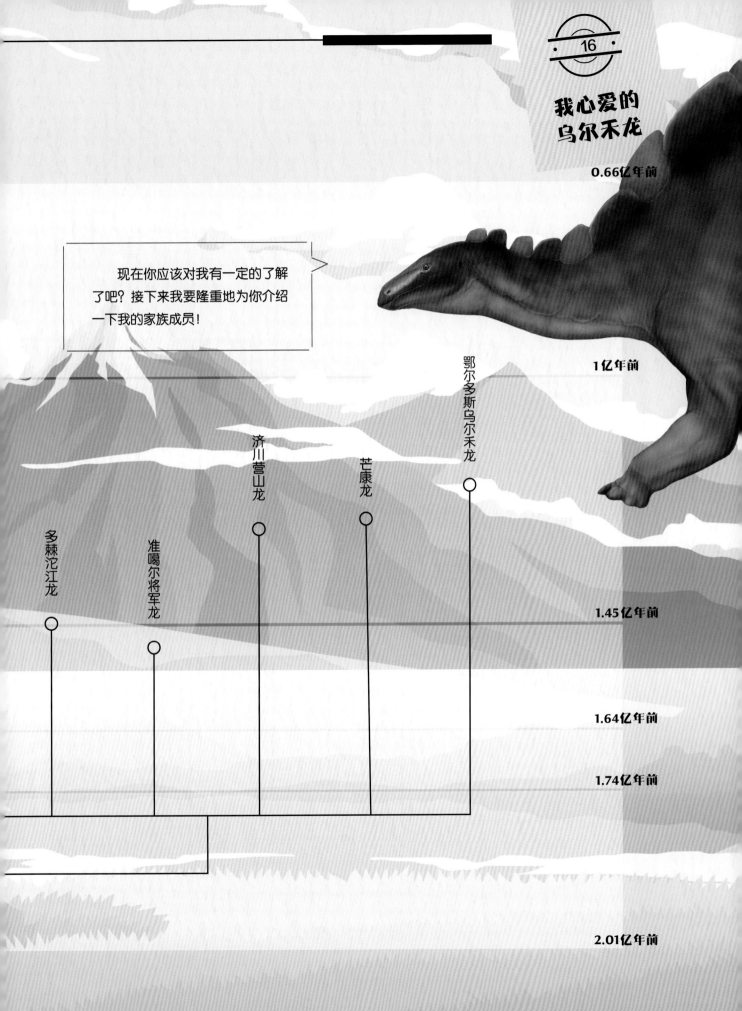

**我心爱的
乌尔禾龙**

0.66亿年前

现在你应该对我有一定的了解了吧？接下来我要隆重地为你介绍一下我的家族成员！

鄂尔多斯乌尔禾龙

1亿年前

济川营山龙

芒康龙

多棘沱江龙

准噶尔将军龙

1.45亿年前

1.64亿年前

1.74亿年前

2.01亿年前

第二章 恐龙速递

大约在 2.3 亿年前的三叠纪，一类名叫恐龙的爬行动物出现了。它们是中生代时期地球上的主要居民，几乎占据了当时的每一片大陆。

我心爱的
乌尔禾龙

迄今为止，全世界已发现的恐龙有 1000 多种，古生物学家根据恐龙的骨架特征等将恐龙分为诸多家族，如甲龙类、剑龙类和角龙类等。每一个家族又包含许多成员，它们各具特色：有些尾巴长着大尾槌，有些尾巴长着尖刺；有些喜欢吃植物，有些喜欢吃鱼；有些头上长着"长管"，有些头上戴着"头盔"……

我可是在中国地域上已知棘最多的剑龙

🔍 多棘沱江龙　　　　　　　　　　　　　　　全部

拉丁文学名：*Tuojiangosaurus multispinus*　　　　　　–

属名含义：沱江的蜥蜴　　　　　　　　　　　　　–

生活时期：侏罗纪时期（约 1.6 亿年前）　　　　–

命名时间：1977 年　　　　　　　　　　　　　　–

1974 年，在中国四川省自贡市一建筑工地发现了大量恐龙骨骼化石，古生物学家经过整理，发现其中有一种最特别的恐龙化石，它是在亚洲发现的第一具完整的剑龙类恐龙化石。

古生物学家将它命名为多棘沱江龙。属名
"*Tuojiangosaurus*"，意为沱江的蜥蜴，取自它
家乡的河流沱江。沱江是长江的一条支流。种名
"*multispinus*"，意为长有许多棘刺，指它背上有
大量的骨板。一听名字我们就可以猜到它有很多
的棘。棘是多棘沱江龙背上的骨板。

多棘沱江龙身上有板状和棘状两种骨板，从脖颈一直延伸
到尾部，总共有 17 对。它是在我国地域上已发现的剑龙家族中
棘最多的恐龙。它脖子上的骨板像小桃心，背上的骨板像等腰
三角形，尾部是又大又重的棘刺，看上去就像一个身披铠甲的
剑客。

我可是剑龙始祖

🔍 **太白华阳龙**	全部

拉丁文学名： *Huayangosaurus taibaii* —

属名含义： 来自华阳的蜥蜴 —

生活时期： 侏罗纪时期（约 1.65 亿年前） —

命名时间： 1982 年 —

　　1982 年，古生物学家将在中国四川省自贡市发现的恐龙化石命名为太白华阳龙。属名"*Huayangosaurus*"，意为来自华阳的蜥蜴，取自化石发现地的别称华阳。种名"*taibaii*"，意为太白，是为了纪念曾久居四川的唐朝诗人李白（李白字太白）。

　　太白华阳龙的头很小，嘴巴前端保留两排细小的牙齿，以矮小蕨类植物为食。太白华阳龙身长约 4.5 米，在剑龙家族中属于"小不点"，是已知较小的剑龙类恐龙之一。太白华阳龙虽然体形小，但是来头却不小，人家可是剑龙家族中祖宗级别的恐龙。太白华阳龙是目前已知侏罗纪中期地层中化石保存最完整的剑龙。

太白华阳龙的骨板很特别，不同于后期的家族成员。它们的骨板面积较小，呈对称排列，又尖又细，共 16 对 32 块骨板。

太白华阳龙有一套独特的防御武器。在它们肩膀上长有一对向后弯曲的副肩棘，臀部最高处的几块骨板就像尖刀一样，尾部后端长出长长的尾刺，长度超过 40 厘米。当遇到危险时，它们会用自己尖锐的尾刺给敌人致命一击。太白华阳龙才是剑龙家族中真正的"剑客"。

我受伤了！

Q	四川巨棘龙	全部

拉丁文学名：*Gigantspinosaurus sichuanensis*   —

属名含义：有巨大棘刺的蜥蜴   —

生活时期：侏罗纪时期（1.63 亿～ 1.57 亿年前）   —

化石最早发现时间：1985 年   —

　　1985 年，古生物学家在中国四川省自贡市发现了一具剑龙家族成员的化石，1992 年将其命名为四川巨棘龙。属名"*Gigantspinosaurus*"，意为"有巨大棘刺的蜥蜴"。种名"*sichuanensis*"，取自它的发现地四川省。

　　从名字就可以知道，它一定长有巨大的棘刺。巨棘龙的巨刺长在它们的肩膀上，这是它们的有力武器，使它们看起来就像身佩两把大刀的战士。除了这两把巨大的"尖刀"，它们的尾部也长有 4 根巨刺，当遇到危险时，它们会将长着巨刺的尾部甩向敌人。

古生物学家还发现了四川巨棘龙的皮肤化石，这是世界上首次发现的保存有皮肤化石的剑龙类恐龙化石。皮肤化石告诉我们巨棘龙生前全身长满鳞片，鳞片交错排列，形成粗糙的表面，这样的结构可以降低皮肤亮度，以便更好地隐蔽起来。

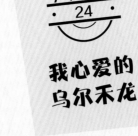

四川巨棘龙皮肤化石

古生物学家通过 CT 扫描四川巨棘龙的骨骼发现，它的两个大腿骨外形不对称，左侧大腿骨呈现出扭曲的形态且明显比右侧更粗。古生物学家还在它左侧的大腿骨内发现了很多奇特的囊状结构，像是骨肿瘤引起的病变，而这些"肿瘤"很可能是造成四川巨棘龙骨折的原因。

剑龙家族的祖宗辈成员

🔍 | **关氏嘉陵龙**   **全部** ▾

拉丁文学名： *Chialingosaurus kuani*   –
属名含义： 来自嘉陵江的蜥蜴   –
生活时期： 侏罗纪时期（约 1.6 亿年前）   –
化石最早发现时间： 1957 年   –

1957 年，古生物学家在中国四川省渠县平安乡发现了部分恐龙骨骼化石，1959 年将其命名为关氏嘉陵龙。属名"*Chialingosaurus*"，意为来自嘉陵江的蜥蜴，取自流经四川省的河流嘉陵江。种名"*kuani*"，来自当时发现化石的地质学家关耀武。关氏嘉陵龙是中国第一具被记述和正式命名的剑龙化石，同时也是目前发现的体形较小的剑龙之一。

古生物学家发现这只关氏嘉陵龙是一只"青少年"恐龙。它的体长约 4 米，古生物学家推测成年体长度可能会超过 4 米。1978 年，另一些古生物学家在同一地点又发现了一些化石，经研究，发现还是同一只关氏嘉陵龙的骨骼化石。

这只关氏嘉陵龙虽然是"青少年"，但是它辈分大，可能是剑龙家族的祖辈成员，是剑龙家族早期的成员之一。关氏嘉陵龙是素食主义者，它们可能以当时陆上最丰富的蕨类及苏铁类植物为食。

地地道道的重庆龙

🔍 江北重庆龙	全部

拉丁文学名： *Chungkingosaurus jiangbeiensis* —

属名含义：来自重庆的蜥蜴 —

生活时期：侏罗纪时期（约 1.6 亿年前） —

化石最早发现时间：1977 年 —

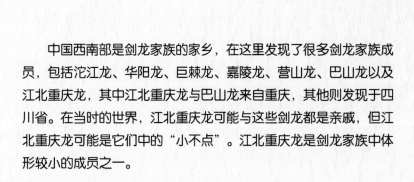

1977 年，古生物学家将中国重庆市江北区挖出的恐龙化石命名为江北重庆龙。属名"*Chungkingosaurus*"，意为来自重庆的蜥蜴。种名"*jiangbeiensis*"，取自重庆市的江北区。

中国西南部是剑龙家族的家乡，在这里发现了很多剑龙家族成员，包括沱江龙、华阳龙、巨棘龙、嘉陵龙、营山龙、巴山龙以及江北重庆龙，其中江北重庆龙与巴山龙来自重庆，其他则发现于四川省。在当时的世界，江北重庆龙可能与这些剑龙都是亲戚，但江北重庆龙可能是它们中的"小不点"。江北重庆龙是剑龙家族中体形较小的成员之一。

　　江北重庆龙身上有着剑龙家族的典型特征——骨板，体形较小的江北重庆龙不像其他体形庞大的成员那样威风凛凛，看起来有一些可爱。它的骨板对称排列，从脖颈延伸排列到尾部。骨板形状尖尖的，可能有 14 对。尾巴上具有攻击性的尾刺。江北重庆龙的头小小的，蕨类及苏铁类植物都是它们喜欢的食物。

新疆发现的第一具晚侏罗世剑龙化石

准噶尔将军龙   全部

拉丁文学名: *Jiangjunosaurus junggarensis*   —

属名含义: 像将军一样的蜥蜴   —

生活时期: 侏罗纪时期（约 1.6 亿年前）   —

命名时间: 2007 年   —

2007 年，古生物学家将在中国新疆发现的剑龙化石命名为准噶尔将军龙。属名 "*Jiangjunosaurus*"，意为像将军一样的蜥蜴，取自当地一地名——将军庙。种名 "*junggarensis*"，取自化石发现地准噶尔盆地。

准噶尔将军龙是在新疆发现的第一具晚侏罗世的剑龙类恐龙化石。它是新疆发现的年代最早的剑龙化石，增加了石树沟组恐龙区系的多样性。

准噶尔将军龙的骨骼化石包括下颌骨、头部骨骼、连接脊椎的关节以及两块骨板。骨板的发现可以直观地将准噶尔将军龙归属剑龙家族。它的骨板呈菱形，顶部为钝三角形，底部厚度大于顶部，高度略大于宽度。

古生物学家根据已有的准噶尔将军龙化石发现，其两块骨板处于脖子位置，其中一个在第三个颈椎的位置；它的牙齿形状对称且牙冠较宽。古生物学家推测准噶尔将军龙可能比剑龙家族其他成员更加原始。

揭开剑龙演化的秘密

济川营山龙   全部

拉丁文学名： *Yingshanosaurus jichuanensis* –

属名含义： 来自营山的蜥蜴 –

生活时期： 侏罗纪时期（约 1.5 亿年前） –

化石最早发现时间： 1983 年 –

1983 年，中国四川省营山县济川乡一村民在建房挖地基时发现了一些恐龙化石，经过古生物学家的鉴定，发现这是剑龙家族一位成员。它的骨骼化石并不完整，包括部分颈椎及后部尾椎。古生物学家将其命名为济川营山龙。

济川营山龙在剑龙家族的演化过程中具有重要意义，它骨架的演化处于早期剑龙类与晚期剑龙类骨架演化的过渡阶段。在整个剑龙家族演化过程中，剑龙家族早期成员骨板呈棘状，晚期成员骨板多样化；早期成员前后肢长度相当，晚期成员前肢较短；早期成员荐孔不封闭，而晚期成员荐孔封闭。

济川营山龙也是剑龙家族典型的"剑客"，它的骨板从颈部延伸到尾部。济川营山龙最大的特点是它的肩膀上长有约 80 厘米长的棘，像两把尖刀一样从它的肩膀处生长出来，大小与四川巨棘龙的两根尖刺相似，这是它们的得力武器。

在中国地域上已知最早的剑龙家族成员

🔍 │ 原始巴山龙   全部

拉丁文学名： *Bashanosaurus primitivus*   —

属名含义： 来自巴山的蜥蜴   —

生活时期： 侏罗纪时期（约 1.69 亿年前）   —

化石最早发现时间： 2016 年   —

2016 年，在重庆的一个采石场里发现了一些恐龙化石，经过古生物学家鉴定，发现这只恐龙大有来历，它可能是亚洲最早的剑龙类恐龙。

古生物学家将其命名为原始巴山龙。属名 "*Bashanosaurus*"，意为来自巴山的蜥蜴，取自李商隐的诗句 "巴山夜雨涨秋池"，巴山指重庆。种名 "*primitivus*"，意为原始，指这只恐龙较为原始。

原始巴山龙生活的时期比剑龙家族的老祖宗太白华阳龙还要早几百万年，它的发现取代了太白华阳龙"最古老剑龙"的地位。它是剑龙家族中体形较小的成员之一，体长约3米。原始巴山龙以及其他剑龙家族早期成员的发现证明剑龙类可能起源于亚洲。

原始巴山龙与太白华阳龙、四川巨棘龙等剑龙家族早期成员有很多相似的骨架特征，例如尾巴较长、肩胛骨向外延伸等。它们的骨板从脖子延伸到尾部，尾端具有攻击性的尾刺。

第三章 恐龙猎人

地球的中生代时期可谓是爬行动物的天下，无论海洋、天空还是陆地，都有它们的身影。海洋中，有鱼龙类和蛇颈龙类等海生爬行动物；天空中，有翼龙类这种会飞的爬行动物；陆地上，有被称为"恐怖蜥蜴"的恐龙称霸！

　　恐龙在地球上统治了 1.6 亿年之久，除陆地之外，它们还涉足天空和海洋。恐龙拥有惊人的适应能力，并随着环境的变化演化出了独特的身体结构，从而使得它们成为中生代时期最繁盛和最具生存优势的脊椎动物。

　　虽然目前已经发现和认识了许多恐龙，但还有很多与恐龙相关的内容等待我们进一步发掘。如果你爱好探索并对自然保持好奇，请随我们一起回到恐龙世界，修炼成为一名优秀的恐龙猎人！

"第二大脑"

你知道吗？在我们的身体中，其实有两个大脑：一个在我们的头上，被厚厚的颅骨保护着；一个在我们的肚子里，和我们隔着一层薄薄的肚皮。

当我们感到压力很大时，或许会去寻找很多美食来缓解压力。但这个信号其实并不是由颅骨中的大脑所发出的，而是由藏在我们肚子中的"大脑"——肠道所发出。

或许你会说这也太奇怪了吧，肠道和大脑有什么关系？其实肠道和大脑是人体的两大神经系统，它们之间相互呼应。

人的大脑

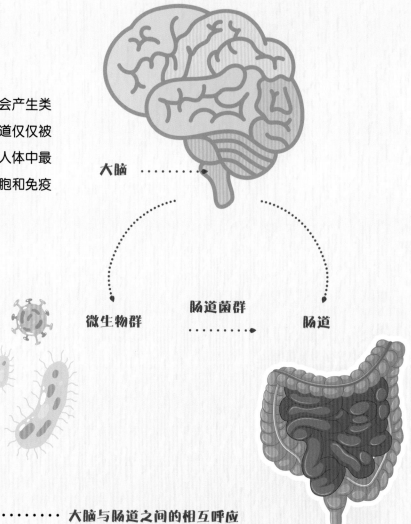

若其中一个感到不适，另一个也会产生类似的感觉。在很长的一段时间内，肠道仅仅被认为是一种消化器官，但其实它也是人体中最大的免疫器官。大约有 70% 的免疫细胞和免疫球蛋白都集中在肠道中。

大脑

微生物群　　　肠道菌群　　　　肠道

大脑与肠道之间的相互呼应

根据最新的医学研究表明，肠道有一套独立的神经系统，拥有大约 5 亿个神经细胞。它既可以与大脑配合工作，也可以独立工作。

或许我们意识不到肠神经系统在进行"思考"，但它的确可以帮助我们感知周围的环境情况，并影响我们做出及时的反应。因其复杂的机制，所以肠道也被称为"第二大脑"。

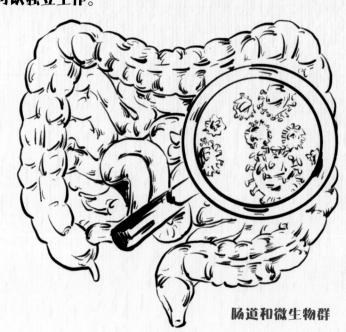

肠道和微生物群

其实在恐龙王国中也曾有一种恐龙以"两个大脑"闻名于世，它们就是背部长有独特骨板的剑龙家族。

剑龙生活在距今约1.5亿年前的侏罗纪晚期，它们的身体庞大、粗壮。

剑龙

虽然剑龙的体形比现生的大象还要大，但它们却长着一颗特别小的脑袋。身为恐龙迷的你们可能也曾听说过，它们的大脑只有核桃般大小。可事实真的是这样吗?

剑龙大脑

美国新墨西哥州自然博物馆的研究人员通过技术手段验证了剑龙大脑的大小。首先，他们将剑龙脑腔化石周围的岩石清理干净，然后用橡胶制作出一个剑龙脑腔的内核模型。

研究人员对该模型进行了详细的研究后发现，剑龙大脑前部的嗅觉球非常大，但它们的大脑和小脑都特别小，而且它们的大脑上没有沟回。要知道人类大脑有沟回才会形成褶皱，才会容纳更多的大脑皮层，从而帮助我们从事更高级的智力活动。

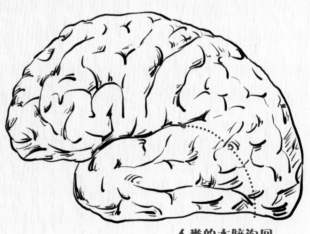

人类的大脑沟回

沟回可以在体积有限的颅腔里装下足够多的大脑皮层，而大脑皮层是形成思维能力的重要部位。皮层表面积越大，思维能力就越强，从而使得信息的传导变得更有效率。

大脑沟回

除此之外，研究人员发现剑龙的脑容量和 56 毫升水的体积差不多。

这是一个什么概念呢？

以一只现生的家猫（成年体）为例，其脑容量约为 30 毫升。或许你会说家猫很聪明，但你要知道它们之间的体形相差悬殊。如果将一只现生的蜥蜴放大到剑龙那么大，那么它的脑容量可达 110 毫升。

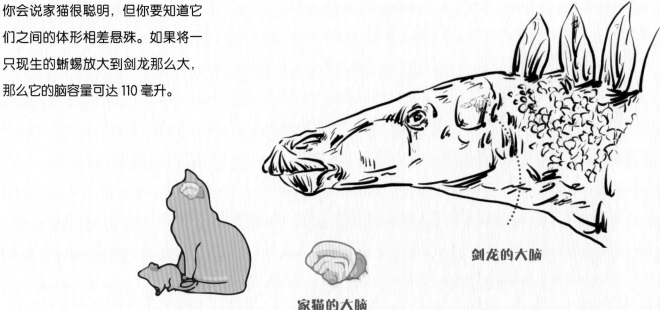

剑龙的大脑

家猫的大脑

由此看来，剑龙的大脑的确很小，剑龙也是目前发现的恐龙王国中按照身体比例来说大脑最小的成员。但它的大脑并不是长久以来大家所认为的那样只有一个核桃大小，而是和三个核桃的大小差不多。

核桃大小

或许你会说不论是一个核桃还是三个核桃，它们那么大的体形，需要发达的神经系统来协调。而大脑是神经系统的中枢，如果大脑很小的话，它们的基本生活都成问题，怎么会在遇到危险的时候快速调动自己尾巴上的尾刺来防御呢？

剑龙的头骨和大脑结构

其实，在早期的古生物学中，许多学者也有着相同的疑问，他们认为剑龙不可能只依赖一个微小的大脑生存，于是有关剑龙"第二大脑"的假说便伴随着剑龙的发现而出现。

古生物学家马什在命名剑龙后不久，发现剑龙臀部的位置有一个特别大的空腔，其容量相当于剑龙大脑的 20 倍。所以他认为这里也许长有剑龙的第二个"大脑"，负责调控它们身体后半部分的运动，而头部的大脑用来控制剑龙身体的前半部分，前后两个大脑分工合作，相互配合。这样当尾巴被咬掉的时候，它们不会在尾巴已经丢失了好久之后才开始做出疼痛反应。

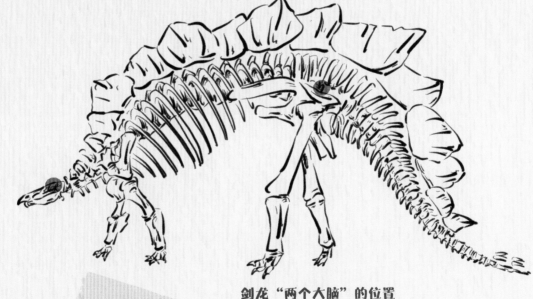

剑龙"两个大脑"的位置

马什的全名为奥塞内尔·查利斯·马什，是美国的一位古生物学家。著名的"化石战争"就是他和爱德华·德林克·科普于 19 世纪后期进行的一次竞赛。在这期间，他共发现了 120 多种恐龙，而科普仅发现了 40 多种，最终马什获得了这场战争的胜利。

奥塞内尔·查利斯·马什

同样，马什在圆顶龙后肢上方的脊椎里面也发现了一个很大的空腔。

他认为像圆顶龙、马门溪龙和梁龙这样体形较大的蜥脚类恐龙也具有"第二大脑"。以合川马门溪龙为例，其身长约 22 米，体重约 40 吨，而它们大脑的质量仅约 500 克。

圆顶龙属于蜥脚类恐龙，它们的头骨又短又高，牙齿像凿子，可以吃一些粗糙的植物。不论是低矮的植物还是长在高处的叶子，都是它们的最爱。它们的体重可以达到 18 吨，相当于 9 头大象的重量。

圆顶龙

圆顶龙的头骨

"第二大脑"的假说似乎可以完美地解释剑龙和体形较大的蜥脚类恐龙是如何通过小小的脑袋控制其庞大身体的，否则一个重达 40 吨的身体仅用 500 克的大脑指挥，着实让人感到不可思议。因此"第二大脑"的假说在古生物学界流行了几十年。

而一些古生物学家根据现生的爬行动物推测，虽然剑龙的脑容量和体重比例并不在合理的范围之内，但对于植食的它们来说，庞大的体形与其享受"慢生活"的要求是一致的。所以它们为了食用植物而放弃了追寻猎物所需要的反应能力。

近年来，一些研究人员在许多不同种类的脊椎动物，如现生鸟类的体内也发现了与剑龙体内类似的空腔结构。而鸟类的这种结构可能是用来储存富含能量的碳水化合物。

研究人员认为在剑龙和蜥脚类恐龙体内膨大的空腔中可能储存着一种叫作糖原的化学物质，可以为它们的神经系统提供能量。

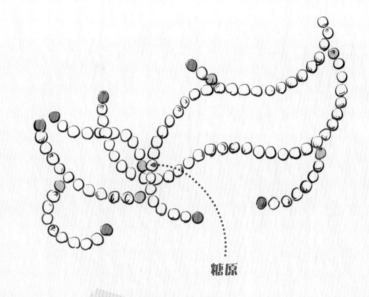

糖原

糖原是多糖的一种，是人类等动物和真菌储存糖类的主要物质，主要功能是储存能量。

糖原

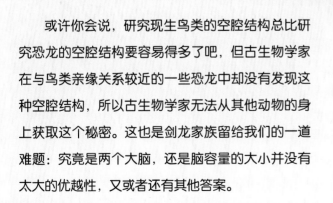

或许你会说，研究现生鸟类的空腔结构总比研究恐龙的空腔结构要容易得多了吧，但古生物学家在与鸟类亲缘关系较近的一些恐龙中却没有发现这种空腔结构，所以古生物学家无法从其他动物的身上获取这个秘密。这也是剑龙家族留给我们的一道难题：究竟是两个大脑，还是脑容量的大小并没有太大的优越性，又或者还有其他答案。

剑龙的"名片"

恐龙是一类让人着迷的爬行动物，仅仅是"恐龙"二字，就足以让人浮想联翩。自从19世纪40年代人们第一次科学地认识恐龙以来，古生物学家就非常热衷于复原恐龙的形象。

随着越来越多的恐龙化石被发现以及科学技术的发展，恐龙的形象也在不断地变化。即使是曾经非常熟悉的恐龙，也可能会在一夜之间因为一个新的化石证据而颠覆曾经我们对它形象的认知。

1877 年，古生物学家马什将在美国科罗拉多州莫里逊北部发现的一些恐龙化石命名为剑龙。

剑龙早期复原图

如今，距离古生物学家第一次发现剑龙化石已经过去了 140 多年，剑龙的形象也在不断地变化着。过去的剑龙复原图有着贴近地面的头部、粗短的脖子、短小的前肢以及长有 4 对尖刺的尾巴，甚至还有一些人认为剑龙的骨板是单排地排列在剑龙的背上。

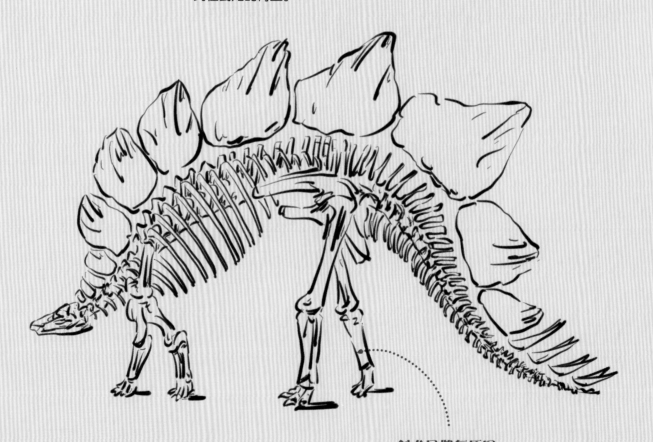

剑龙早期复原图

事实上，剑龙的脖子要比我们想象的长，它们的前肢也非常强壮。在它们灵活的尾巴上长有两对尖刺，且在一些成员当中，其尾刺与尾巴近乎水平。而剑龙背部的骨板是沿着它们的脊椎方向向两侧排列。

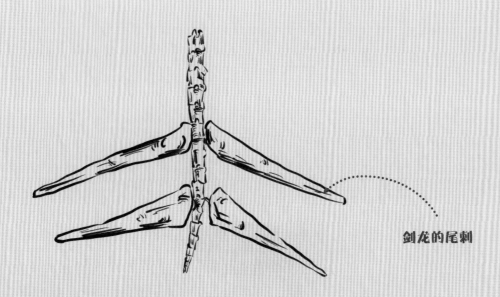

剑龙的尾刺

骨板是剑龙身上最明显的特征。它们的骨板并不是从骨架上直接生长出来，而是和现生鳄鱼和蜥蜴等爬行动物身上的一些鳞片构造相似。

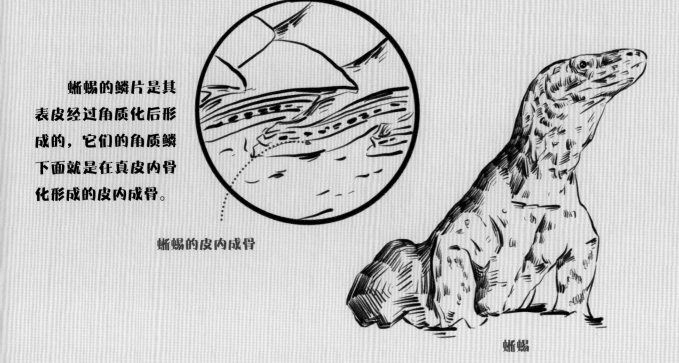

蜥蜴的鳞片是其表皮经过角质化后形成的，它们的角质鳞下面就是在真皮内骨化形成的皮内成骨。

蜥蜴的皮内成骨

蜥蜴

古生物学家推测剑龙的骨板是由真皮骨特化形成的"精装版"的皮内成骨，是直接从皮肤上生长出来的。而在它们的骨板外侧也有一层表皮角质层，但由于表皮角质层不易形成化石，所以我们只能看到剑龙的皮内成骨。

真皮是位于表皮与皮下组织之间的一层皮肤。真皮内含有汗腺、皮脂腺和毛囊等。

真皮

剑龙的骨板

索菲的骨架

剑龙的骨板就是它们的专属"名片"。或许单看每一只剑龙的躯体部分并没有什么不同，但不同的剑龙，其背上的骨板形态和数量却各有不同。如在中国四川省发现的多棘沱江龙有 17 对骨板，而在美国怀俄明州发现的一只名叫索菲的剑龙只有 19 块骨板。古生物学家推测生活在中国地域上的剑龙类，其骨板呈对称式排列；而生活在北美洲地域上的剑龙类，其骨板为交错式排列。

多棘沱江龙

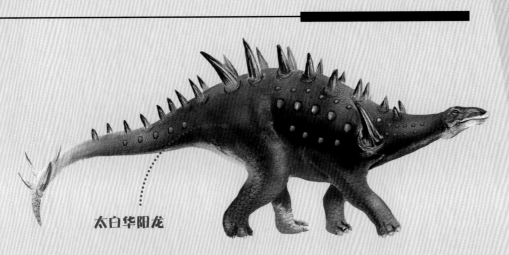

太白华阳龙

除此之外，古生物学家还发现一些剑龙的骨板呈尖刺形，如太白华阳龙；一些剑龙的骨板为大小、高低不同的三角形，如多棘沱江龙；一些剑龙的骨板特别大，呈菱形，如狭脸剑龙；一些剑龙的骨板呈又矮又宽的板状，如鄂尔多斯乌尔禾龙。

狭脸剑龙

由此看来，剑龙家族骨板的演化趋势是越来越宽大、低矮。

人类皮肤结构

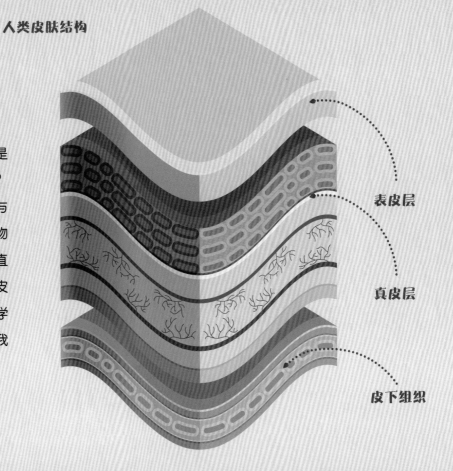

表皮层

真皮层

皮下组织

剑龙的骨板可谓是五花八门，可是这些形形色色的骨板究竟从何而来？一般情况下，脊椎动物的骨架形态与它们的生存方式紧密相连。但古生物学家对于剑龙骨板生成于哪里却一直大惑不解，毕竟人类皮肤结构的真皮层中并没有皮内成骨。所以古生物学家始终无法找到剑龙的骨板相当于我们身体的哪一部分。

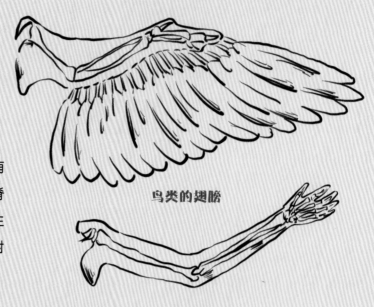

鸟类的翅膀

人类的胳膊

或许你会说，剑龙的骨板和我们有什么关系？可是你知道吗，所有陆生脊椎动物都是从水中逐渐演化到陆地上生活的，所以我们有与其他脊椎动物相对应的身体结构。

如我们的胳膊和手相当于鸟类的翅膀；我们耳朵中的一些骨头是在爬行动物到哺乳动物的演化过程中，由爬行动物颌关节处的几块骨头演化而来的。

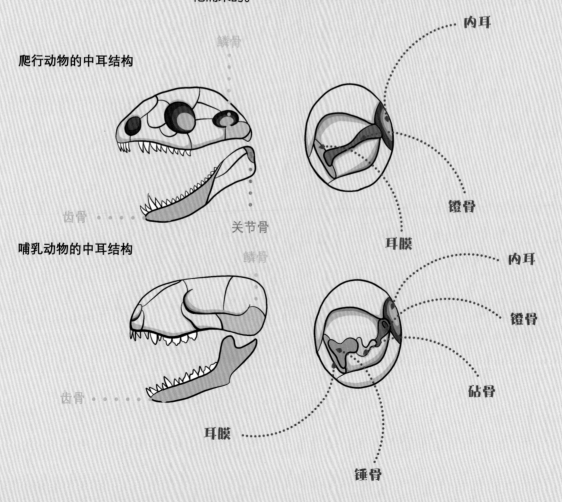

爬行动物的中耳结构

鳞骨

齿骨

关节骨

哺乳动物的中耳结构

鳞骨

齿骨

内耳

镫骨

耳膜

内耳

镫骨

砧骨

耳膜

锤骨

至于剑龙骨板的作用，一直以来也是众说纷纭。最初，人们普遍认为剑龙的骨板可能是一种保护性的"装甲"，既可以保护它们的颈部和背部不受袭击，也可以用来吓退猎食者。

剑龙的骨板

骨板上的小孔

但随着进一步的研究，古生物学家发现剑龙骨板的内部有很多细小的孔，比较脆弱，似乎并不能起到保护作用。

最多也只是让猎食者一时无从下口或者从视觉上让剑龙变得更加高大，从而威慑敌人，让肉食性恐龙知难而退，达到不战而屈人之兵的目的罢了。

威慑敌人

美国的古生物学家罗伯特·巴克在 1986 年曾提出，剑龙骨板的边缘比较锋利，而且剑龙不需要持续的肌肉力量就可以轻松地改变骨板的角度。他认为剑龙的骨板可以与其尾刺配合，阻碍猎食者靠近。而在平时悠闲的状态中，剑龙会将骨板放置在身体两侧。

剑龙早期复原图

不过这一想法遭到了许多人的反对。

一些古生物学家提出剑龙的骨板就像现生的兔耳和大象耳似的，可以用来调节体温。因为剑龙的骨板上带有凹槽，可能是血管的痕迹。

1976 年，古生物学家 Farlow 提出，剑龙的骨板就像工程设计上的散热装置似的，可以调节体温。

血液流经骨板

当剑龙感到太热时，它们会迎着风让空气流经骨板，从而使血液的温度降低；当它们感到冷时，就会去晒晒太阳，恢复体温。也就是说，剑龙的骨板既可以增加与阳光的接触面积，也可以增加散热面积，就像一台移动的"空调"似的。

吸收热量的剑龙

我心爱的
乌尔禾龙

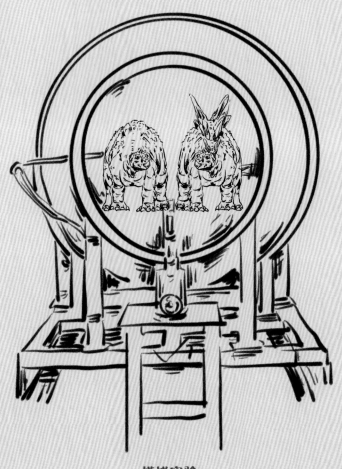

模拟实验

对此，古生物学家曾做过一个类似的模拟实验。他们用金属铝做了两个带有温度测定装置和加热器的剑龙模型，其中一个没有骨板，而另一个有骨板。随后他们将两个剑龙模型放在风洞中进行散热实验。

结果表明，有骨板的剑龙模型的散热率比没有骨板的剑龙模型高35％。由此看来，剑龙很可能生活在树木稀少的平原地区，那里的风力较强，而剑龙可以借助风力来调节体温。

这一实验似乎验证了剑龙的骨板具有调节体温的作用。但实现这一猜想需要满足一个前提条件，即剑龙骨板的表面积要足够大才可以发挥调节体温的作用。但本书的主角乌尔禾龙的骨板表面积较小，所以这一猜想还有待商榷。

鄂尔多斯乌尔禾龙

还有一些古生物学家提出，剑龙骨板的形状或许有区分性别的用途。但哪一种是雌性、哪一种是雄性还没有具体定论。古生物学家推测雄性剑龙的骨板宽大圆润，而雌性剑龙的骨板又窄又高。因为在现生的动物中，一般情况下雄性动物会在装饰上投入更多。

骨板指示性别（上雄下雌）

所以雄性剑龙也需要一个巨大的"广告牌"来吸引异性。

古生物学家还推测雄性剑龙的骨板上可能有着和现生孔雀尾羽相似的鲜亮的颜色。每到繁殖期，雄性剑龙会通过晃动骨板来比拼，而骨板越大、越艳丽的雄性剑龙往往会受到更多雌性剑龙的青睐。但研究表明，雌性剑龙和雄性剑龙的骨板看起来非常相似，所以骨板的"使命"可能并不是区分性别。

"拟态"

也有一部分古生物学家认为，剑龙的骨板其实是一种"拟态"。也就是说，它们的骨板上可能带有一些与当时植物相近的图案或色彩，就像今天的迷彩服似的，可以帮助它们"隐身"，迷惑猎食者，从而保护自己。

如果剑龙不幸被肉食性恐龙发现，它们很可能会通过增加骨板血管中的血液，让丰富的毛细血管充血，使其变得通红，从而给猎食者发出一个"红色警告"，并吓退敌人。

美国的古生物学家拉塞尔·麦恩曾在《国家地理杂志》上发表了一篇文章，他提到剑龙骨板最主要的作用可能是其种群内部识别的工具。麦恩分析了众多剑龙化石后，发现每一只剑龙的骨板都存在着细微的差异，就像世界上没有完全相同的两片叶子，也没有长相完全相同的两个人一样。

不同种类的剑龙

麦恩认为不同的剑龙种群很可能生活在同一个地方，而此时种群内部的相互识别就显得尤为重要。因此每一只剑龙的骨板上都可能有其专属的颜色或图案，这就是它们各自的"名片"。这样，即使不用离得很近，也可以在"茫茫龙海"中知道对方是不是自己的亲人或朋友。

虽然目前有关剑龙骨板的秘密还没有解开，但越来越多的剑龙化石被发现，也为古生物学家提供了新的参考和思路。相信未来随着古生物学家更加深入的研究和更多完整化石标本的发现，上述问题终会水落石出。

姓名：江北重庆龙
发现地：中国重庆市江北区

姓名：鄂尔多斯乌尔禾龙
发现地：中国内蒙古鄂尔多斯

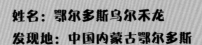

剑龙的名片

恐龙公墓

恐龙王国中有一种身上背"剑"的恐龙，它们就是恐龙中的"剑客"——剑龙家族。

剑龙家族的族龙们覆甲执剑，游走在恐龙王国中。

从侏罗纪恐龙兴盛以来，剑龙家族占据着侏罗纪生态圈的一席之地。在侏罗纪的植食恐龙中，除了当时巨大的蜥脚类恐龙，剩余大部分占领植物生态圈的恐龙是鸟臀类中的剑龙家族与甲龙家族。

剑龙家族是侏罗纪时期演化较为成功的一支，种类繁多，涉足地域广泛。

可好景不长。剑龙家族中的乌尔禾龙是少数踏进白垩纪时代的成员之一，但只坚挺了一段时间之后，便消逝在漫漫历史长河中，剑龙一脉由此灭绝。

这样一个曾经繁盛的恐龙家族，是如何落寞的呢？
那得从它们的兴起开始说起。

从目前已发现的恐龙化石来看，最早的剑龙家族成员是出土自中国重庆市的原始巴山龙，它体长约 3 米，远不及后期家族成员。可见剑龙家族成员经历了体形由小型到大型的转变。

由于侏罗纪时期地球上发生了全球性大规模的海洋侵入陆地事件，海水淹没了很多陆地，导致侏罗纪早期到中期的陆相地层匮乏，世界范围内化石资源较少。

古生物学家根据已发现化石综合研究发现，剑龙家族与它们的亲戚甲龙家族的共同祖先是三叠纪晚期的一种小型鸟脚类恐龙，它们身上覆有铠甲，长着短短的头骨，长有叶片状牙齿以及数量较多的骨板。

早期鸟脚类恐龙

　　近些年，在我国发现了大量剑龙家族早期成员的化石，它们大部分出自侏罗纪中期，其中最古老的是原始巴山龙，生活在距今 1.69 亿年前，是目前在亚洲发现的最古老的剑龙化石。

原始巴山龙

　　剑龙家族在侏罗纪中期进入繁盛期，种类急剧增多。在我国发现的剑龙家族成员的化石就有十几种，包括太白华阳龙、四川巨棘龙等，它们都长有形状各异的骨板和锋利的尾刺。

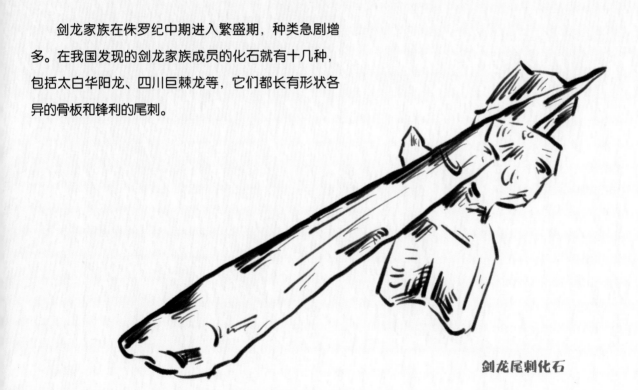

剑龙尾刺化石

　　剑龙家族的尾刺很锋利，古生物学家曾经发现了剑龙的尾刺插进异特龙尾椎的化石，这可能对异特龙造成致命的伤害，导致异特龙伤口感染而丧命。可见剑龙家族的尾刺是令对手害怕的武器。

古生物学家发现剑龙的前后肢可以配合身体灵活转动，从而找到合适的攻击方向，甩动尾部来攻击敌人的要害。而且还有化石证明剑龙类的尾刺外伤发生率较高，说明剑龙会经常用它们强壮的尾部来打斗。

原始巴山龙的骨板打斗

而且剑龙的骨板从颈部一直延伸到尾部，这使得它们就像身上插满利剑的战士。

猎食者看到它们就像面对一棵仙人球一样，可能会觉得无从下口。猎食者也会寻找容易得手的"老弱病残"龙进行攻击，不得已时才会选择更有挑战性的猎物。而且剑龙家族的体形整体呈现"变大"的状态。目前发现的最早期的原始巴山龙不足 3 米，而后期家族成员体长能够达到 9 米。

仙人球

原始巴山龙的骨板

体形大型化更加降低了剑龙被捕食的风险。剑龙家族的繁盛离不开它们有力的尾刺和骨板。

剑龙家族威风凛凛的形象给大众留下了深刻的印象，恐龙王国中"佩剑"的恐龙就属剑龙家族了。虽然它们是植食性恐龙，却有着不可小觑的战斗力。如此威风的剑龙家族为什么在白垩纪时期就灭绝了呢？

济川营山龙

剑龙家族的晚期成员外表与先辈们有一些差别，除了体形普遍变大以外，它们的前肢变短，整个身体呈现前低后高的形态。骨板也由刺状逐渐变为板状，而且形状由以前的三角形演变为偏圆状。乌尔禾龙的骨板更是演化到极致的平坦和圆滑，而且乌尔禾龙比起前辈们变矮了。

乌尔禾龙的骨板

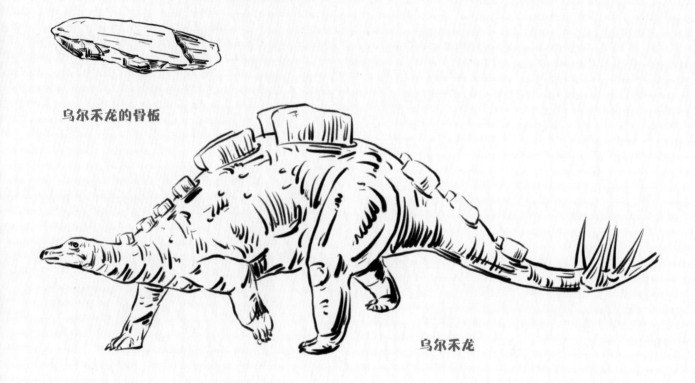

乌尔禾龙

这些直观且显著的演化结果可能与环境有关。古生物学家推测它们前肢变短是为了吃到地上低矮的植物。白垩纪时期，地球发生了翻天覆地的变化，开花植物开始繁盛，逐渐替代了从前裸子植物的生态地位。剑龙家族本就挑食，经过白垩纪陆地变革后，它们喜欢的植物数量大幅减少。

剑龙家族挑食是因为它们"牙口"不好。其他鸟臀目恐龙拥有可以研磨植物的牙齿和水平移动的下巴，可是剑龙类的牙齿较小，而且它们的颌关节只能做简单的上下咬合。2010年，古生物学家通过计算机分析出剑龙可以轻松地咬断直径较小的绿色枝叶，所以剑龙很可能会在小型植物间觅食。

针叶树

但2016年的一项研究表明，剑龙的咬合力与现生的牛和羊相似，也就是说，剑龙很可能还会吃一些坚硬的植物，如针叶树和苏铁等。

古生物学家研究发现，剑龙家族灭绝的时间刚好和苏铁类植物灭绝的时间重合，这说明剑龙家族的灭绝可能是食物减少，不能适应新环境而导致。同时研究发现，白垩纪时期陆地气候逐渐炎热干旱，植被减少，从而严重威胁到植食性恐龙的生存。

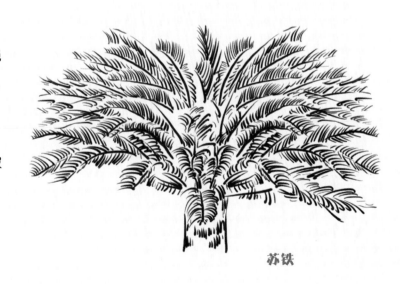

苏铁

剑龙家族因没能适应当时环境的变化而走向灭绝，但家族中个体的存亡与其他因素也有很大关系，例如被猎食、种内斗争或者其他天灾"龙祸"。

在中国四川省自贡市曾发掘出三种保存较为完整的剑龙类恐龙骨骼化石，它们分别是多棘沱江龙、太白华阳龙以及四川巨棘龙。

多棘沱江龙骨架

能在同一地点发现三种恐龙已经是很不容易的事了，让古生物学家更为震惊的是这只是冰山一角。随着不断的挖掘，他们发现这里是一个令人毛骨悚然的"万龙坑"，各种恐龙的尸骨层层叠叠、密密麻麻地堆积如山，形成一个规模宏大的恐龙公墓。

恐龙公墓是指发现大量恐龙化石集中埋葬在一个地点。大型的恐龙公墓是世界上极其稀有的，因为恐龙化石的形成条件苛刻，在特殊条件下才会形成，而大量恐龙化石的形成更是罕见，因此恐龙公墓具有极大的研究价值。

世界范围内令人瞩目的大型恐龙公墓屈指可数，而我国四川省自贡市大山铺恐龙公墓就是其中之一。大山铺恐龙公墓是世界上规模最大，发现侏罗纪时期恐龙最多、种类最丰富且保存最完好的恐龙公墓，被誉为"世界恐龙发掘研究史上近二十年来的最大收获"。

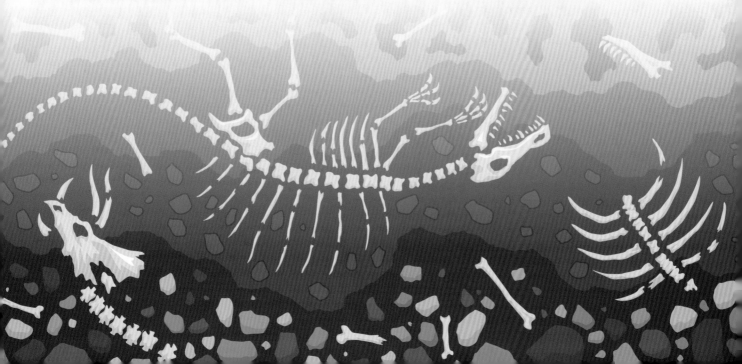

在这个规模宏大的"公共墓地"中,埋葬着近300具恐龙尸骨、上万件骨骼化石标本,其中不只有恐龙化石,还有其他脊椎动物化石。研究发现其中有恐龙、鱼类、两栖类、龟鳖类、鳄类、翼龙类、似哺乳爬行类动物化石,至少包含 5 个纲、12 个目、16 个科、14 个属共计 28 种古脊椎动物化石。

鱼类化石

其中就包括保存较完整的剑龙化石——太白华阳龙以及其他 20 多个保存较完整的珍贵恐龙化石。

太白华阳龙的骨架

在震惊之余,古生物学家更为不解的是如此大规模的恐龙公墓是怎样形成的。他们根据化石状况进行了大量推测。

推测一：爆发大规模"恐龙战争"。

古生物学家最初推测是因为恐龙之间发生了大规模的
"战争"。

如果是恐龙打斗的话，那么在骨骼化石
中应该有因搏斗而导致的受伤痕迹，但是已
发现的骨架中并没有大范围打斗受伤的现象。
而且恐龙之间的"战争"一般是小范围的，
或者是个体之间的。如此巨大规模的恐龙公
墓并且还有其他脊椎动物的化石，说明发生
"恐龙战争"的可能性不大。

打斗

推测二：中毒而死。

古生物学家在一些恐龙的骨骼化石中发现了大量有毒物质，砷、锶的含量是其正常值的几
十倍甚至上百倍，因而推测恐龙是误食了含砷、锶的食物而亡。

但是，即使是中毒事件，也不会出现恐龙大面积突然死
亡的现象。所以中毒而死可能是部分恐龙死亡的原因，但并
不能说明恐龙公墓的形成。恐龙公墓中的骨骼化石大部分是
突然被掩埋而形成的，这样大量动物突然被掩埋的情况极有
可能是遇到了自然灾害。

中毒而死的恐龙

推测三：遭遇洪水灾害。

恐龙也会像现生动物一样迁徙，到另外一个水土肥沃的地方继续繁衍生息。古生物学家推测在它们迁徙的途中发生了严重的洪涝灾害，从而导致它们被迅速掩埋。这可能是自贡恐龙公墓形成的主要因素。但是恐龙公墓中有很多都是接近完整的化石，如果遭遇了严重的洪水，又很难有大量的完整骨骼化石保存下来。

被洪水淹没的恐龙

面对这样的情况，古生物学家提出了异地埋葬与原地埋葬相结合的假设。原地埋葬就是恐龙在化石点附近死亡。由于气候逐渐由湿润转向炎热干旱，水资源枯竭，植被逐渐减少，一部分恐龙无法适应环境而死亡，也有一部分可能误食了含砷量很高的植物中毒而死。

原地埋葬的恐龙化石相对比较完整，在挖掘过程中发现了 30 多具较为完整的恐龙化石。

异地埋葬指恐龙尸体被洪水转移到另外一处。自贡恐龙公墓的主要骨骼化石都是破碎的，而且靠近地层上部或地表的化石较破碎零散，大都是恐龙的肢骨，而且很像经"搬运"后被磨蚀得支离破碎的样子；同时，越是接近上部岩层，小化石越多，如鱼鳞、各种牙齿等。

下部岩层则几乎都是体躯庞大的蜥脚类恐龙，保存都不完整，很明显是经过"搬运"后的结果。

恐龙公墓形成猜想

古生物学家推测大山铺地层当时是多条河流汇集入湖的下游三角洲地带，每当季节性洪水暴发时，湍急的洪水裹挟着可怜的动物们汇集到这里，水流速度变慢，一些尸体就混着泥沙堆积下来。

过了成百上千年，当又一次洪水到来时，又有新的恐龙尸体堆积在上面。就这样慢慢累积起来，形成了层层叠叠的化石。所以，大山铺恐龙公墓中大部分化石可能是被洪水搬运后埋藏的，也有少部分为原地埋藏，因此，这应该是一个综合两种成因的恐龙墓地。

在我国，除了自贡恐龙公墓以外，在内蒙古二连浩特和山东诸城都发现了较大规模的恐龙公墓。除了这样大规模的恐龙集中墓地，在我国东北辽宁地区、内蒙古西北地区以及东南地区也都发现了大量恐龙化石。

这些珍贵的恐龙化石携带着历史的秘密穿越数亿年来到我们面前，等待我们研究和破解史前恐龙留下的一个个谜团。

第四章 追寻恐龙

我心爱的乌尔禾龙

　　提起恐龙，许多人脱口而出的可能是霸王龙、三角龙、梁龙和腕龙，但这些都是生活在史前北美洲的恐龙。如果你是恐龙迷，你能说出几种曾生活在我国地域上的恐龙吗？你知道世界上发现恐龙数量最多的国家是哪个吗？

　　截至 2022 年 4 月，我国已经研究命名了 338 种恐龙，并且每年还有 10 个左右的新种类增长。目前，古生物学家在全国的 22 个省级行政区都发现了恐龙化石，其中，辽宁、内蒙古和四川地区埋藏着丰富的恐龙化石，是名副其实的"恐龙大户"。

剑龙家族来报到

我是鄂尔多斯乌尔禾龙，我的化石发现于内蒙古自治区鄂尔多斯市。

我是多棘沱江龙，我的化石发现于四川省自贡市。

我是太白华阳龙，我的化石发现于四川省自贡市。

我是四川巨棘龙，我的化石发现于四川省自贡市。

我是关氏嘉陵龙，我的化石
发现于四川省达州市。

我心爱的
乌尔禾龙

我是江北重庆龙，我的化石
发现于重庆市江北区。

我是准噶尔将军龙，我的
化石发现于新疆维吾尔自
治区准噶尔盆地。

我是济川营山龙，我的化石发现于四川
省南充市。

我是原始巴山龙，我的化石发现
于重庆市云阳县。